BEI GRIN MACHT SICH IHR WISSEN BEZAHLT

Martin Reisegg

Fahrtenanalyse im Personenkraftwagen mittels Inertialsensoren und GPS-Empfängern

GRIN Verlag

Bibliografische Information der Deutschen Nationalbibliothek:

Die Deutsche Bibliothek verzeichnet diese Publikation in der Deutschen National-
bibliografie; detaillierte bibliografische Daten sind im Internet über http://dnb.d-
nb.de/ abrufbar.

Impressum:

Copyright © 2013 GRIN Verlag GmbH
Druck und Bindung: Books on Demand GmbH, Norderstedt Germany
ISBN: 978-3-656-50494-8

Dieses Buch bei GRIN:

http://www.grin.com/de/e-book/233449/fahrtenanalyse-im-personenkraftwagen-
mittels-inertialsensoren-und-gps-empfaengern

Fahrtenanalyse im Personenkraftwagen
mittels Inertialsensoren und GPS-Empfänger

Zusammenfassung. Sensoren in modernen Personenkraftwagen dienen meist den Fahrerassistenzsystemen und sind fest verbaut. Sie sind somit genau auf einen Fahrzeugtyp zugeschnitten und beziehen sich nicht auf einen bestimmten Fahrer[1]. Mit Sensoren, die am Körper des Fahrers angebracht sind, können hingegen systemunabhängige Daten erfasst und personenspezifische Analysen durchgeführt werden.
In dieser Studie wurde eine Android-App entwickelt, die via Bluetooth mit einem Shimmer-Sensor verbunden ist, der am rechten Handgelenk des Fahrers angebracht wird. Über die im Shimmer verbauten Inertialsensoren werden die Handbewegungen des Fahrers aufgezeichnet. Sie werden gemeinsam mit den GPS-Daten, die direkt auf dem Android-Gerät erfasst werden, gespeichert.
Die Auswertung der Fahrt erfolgt nach Beendigung selbiger in der App. Dort werden der Streckenverlauf in Google Maps und die Statistiken zur Fahrt angezeigt.

Schlüsselwörter: Fahrtenanalyse, GPS-Tracking, Inertialsensoren, Signalanalyse, Bewegungserkennung

1 Motivation

In modernen Personenkraftwagen werden immer häufiger Sensoren verbaut. Sie dienen entweder der Überwachung des gewollten Zustandes des Fahrzeugs, helfen dem Fahrer bei dessen Handhabung oder unterstützen ihn dabei sicher durch den Straßenverkehr zu kommen. Dabei sollen sie den Fahrer vor allem nicht ablenken oder irritieren und ihn nur unterstützen, wenn es nötig ist. Allen gemein ist jedoch, dass sie ein fest verbauter Bestandteil des Fahrzeugs sind und somit nicht das Verhalten eines bestimmten Fahrers erfassen. Deshalb soll in dieser Studie ein System entwickelt werden, dass das Fahrverhalten eines Fahrers unabhängig vom geführten Fahrzeug analysiert und auswertet.

---

[1] Aus Gründen der besseren Lesbarkeit wird im Folgenden das Maskulinum stellvertretend für alle Geschlechter verwendet.

2 Methoden

2.1 Hardware

Dank der zunehmenden Miniaturisierung von elektronischen Bauteilen sind mittlerweile fast keine Grenzen mehr gesetzt, worin verschiedene Sensoren verbaut werden können. In neueren Mobiltelefonen und vor allem Smartphones sind in der Regel schon mindestens ein Accelerometer, Gyroskop und GPS-Empfänger verbaut. Zudem bietet das weit verbreitete Betriebssystem Android eine relativ offene und flexible Möglichkeit, um Programme zu entwickeln, mit denen die Sensordaten aufgenommen und ausgewertet werden können.

2.2 Platzierung des Sensors

In dieser Studie wird ein Shimmer-Sensor verwendet, in dem ein Accelerometer und ein Gyroskop mit jeweils drei Messdimensionen verbaut sind. Er wird mittels Bluetooth mit einem Android-Gerät (Smartphone oder Tablet) verbunden. Aus Tabelle 1 ist ersichtlich, dass vor allem das rechte Handgelenk zur Platzierung eines Inertialsensors geeignet ist, um möglichst viele Bewegungen erkennen zu können. Für eine zukünftige Anwendung kann hier auch eine Smartwatch[2] zum Einsatz kommen, wodurch die Verwendung von vom Android-Gerät getrennten Sensoren hinfällig würde. Aus diesem Grund wird in der Studie auf einen weiteren Sensor verzichtet.

Sensor-Platzierung	Messbare Bewegungen
linkes Handgelenk	Lenken
rechtes Handgelenk	Lenken, Schalten, Motor anlassen und abstellen, Handbremse anziehen und lösen
linker Fuß	Kupplung treten
rechter Fuß	Gas geben, Bremsen
Brustkorb	Fahrzeugbewegungen

Tabelle 1: Vergleich der Platzierungsmöglichkeiten des Sensors

2.3 Android-App

Das Speichern und Auswerten der Bewegungsdaten erfolgt auf einem Smartphone oder Tablet mit Android-Betriebssystem, Bluetooth-Schnittstelle und GPS-Empfänger.
Sobald der Sensor am rechten Handgelenk angebracht ist kann er via Bluetooth verbunden werden. Wenn die Aufzeichnung gestartet wird, zeichnet die App

---

[2] Eine „Armbanduhr", die hierfür mit Android-Betriebssystem, Inertialsensoren und GPS-Empfänger ausgestattet sein muss.

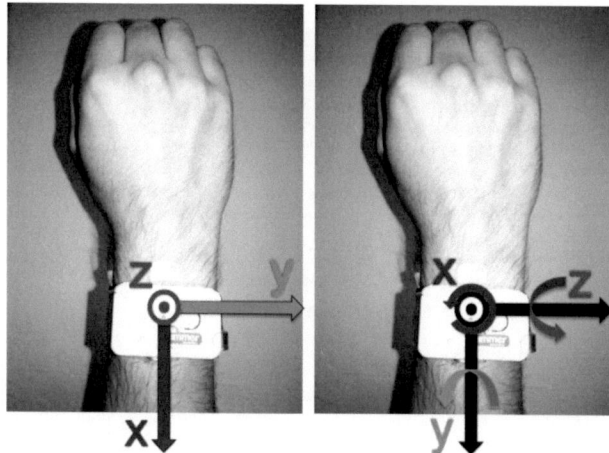

Abb. 1: Lage der Accelerometer- und Gyroskop-Achsen

auch die GPS-Daten des Android-Gerätes auf und speichert beide Datensätze in zwei verschiedene Protokoll-Dateien (Logs). Damit der Fahrer während der Fahrt nicht abgelenkt wird, erhält er keinerlei Feedback von der App und die Aufzeichnung muss manuell beendet werden. Im Anschluss können die Logs geöffnet werden, um beispielsweise einzelne GPS-Punkte in der Karte anzuzeigen oder die aufgenommenen Daten zu überprüfen. Zudem kann die komplette GPS-Route angezeigt, oder die Bewegungsdaten ausgewertet werden.

2.4 Bewegungsdaten aus dem GPS-Log

Der GPS-Empfänger liefert von Haus aus einen relativ umfangreichen Datensatz. Aus den Positionsdaten ließe sich direkt die momentane Geschwindigkeit und daraus wiederum die Beschleunigung ableiten. Dafür gibt es in Android allerdings bereits Getter-Methoden zum *Location*-Objekt, die diese Daten liefern. Trotzdem sind diese gerade bei schlechter GPS-Ortsauflösung nicht selten unrealistisch und werden deshalb von der App überprüft. Die ersten zehn Werte des Logs sind für die Ermittlung der Geschwindigkeit und Beschleunigung erfahrungsgemäß ungeeignet und werden deshalb dafür übersprungen[3]. Für die **Durchschnittsgeschwindigkeit** werden die momentanen Geschwindigkeiten

---

[3] wegen der Ortskoordinaten jedoch während der Fahrt gespeichert

beim Auslesen der einzelnen Zeilen des Logs einfach aufsummiert und anschließend durch die Anzahl der Messpunkte (also der Zeilen im Log) geteilt. Einzelne Ausreißer fallen bei den zu erwartenden mehreren hundert Messpunkten nicht sonderlich ins Gewicht und können vernachlässigt werden. Die **Maximalbeschleunigung** wird Zeitgleich ausgelesen. Dafür wird trivialerweise der größte Wert im Log gespeichert, der jedoch kleiner als $3m/s^2$ sein muss, da ein größerer Wert für einen gewöhnlichen PKW unrealistisch ist [2]. Eine Berechnung mit dem Accelerometer wäre in diesem Fall unsinnig, da damit nicht die Beschleunigung des Fahrzeugs, sondern der rechten Hand ermittelt würde. Diese kann die des Fahrzeugs aufgrund der geringeren Trägheit bei weitem übersteigen.

Die **Höchstgeschwindigkeit** wird analog ermittelt; eine Validierung ist allerdings nicht nötig, da die GPS-Daten hierfür ausreichend präzise sind.

2.5 Kurvendetektion

Die Detektion der Kurven kann auf folgende Art geschehen: Unter den Annahme, dass die x-Achse des Accelerometers in etwa entgegen der Fahrtrichtung verläuft (vgl. Abb. 1), kann durch Addition der Achsen y und z ein resultierender Beschleunigungsvektor $\mathbf{v_b}$ gebildet werden. Im Ruhezustand zeigt dieser Vektor mit einem Betrag von ca. $1g$ nach unten[4] mit dem Winkel $\alpha = 270°$. In einer Kurve addiert sich zu der Gewichtskraft noch die dann auftretende Zentrifugalkraft, der Betrag von $\mathbf{v_b}$ wird dadurch größer und der Winkel α ändert sich. Bei einer Rechtskurve wird α kleiner, bei einer Linkskurve größer. Um eine Kurve erkennen zu können genügt ein gewöhnliches Schwellenwertverfahren, das eine Kurve ab einer gewissen Winkeländerung respektive Zentrifugalbeschleunigung als solche detektiert.

Im Praxistest hat sich jedoch gezeigt, dass der Fahrer die rechte Hand beim Lenken zu stark bewegen muss, um die gefahrene Kurve im Signal noch erkennen zu können.

2.6 Butterworth-Filter

Das mikro-elektromechanische System in den Inertialsensoren ist ein Feder-Masse-System und wird bei jeder Bewegung in Schwingung versetzt. Das erzeugte Signal ist deshalb selbst bei einer konstanten Beschleunigung nicht glatt, sondern zeigt die linear gedämpfte Schwingung im Sensor. Um die Detektion bestimmter Bewegungen zu erleichtern muss das Signal geglättet werden, wofür sich ein Butterworth-Tiefpassfilter gut eignet [1, S. 118 ff.].

In Abbildung 2 ist die x-Achse eines Accelerometer-Signals einer Zündbewegung zu sehen. Das ungefilterte Signal wird durch den Nullphasen-Butterworth-Filter sehr gut geglättet, ohne eine Phasenverschiebung zu verursachen. Dieser ist als

---

[4] zum Erdmittelpunkt

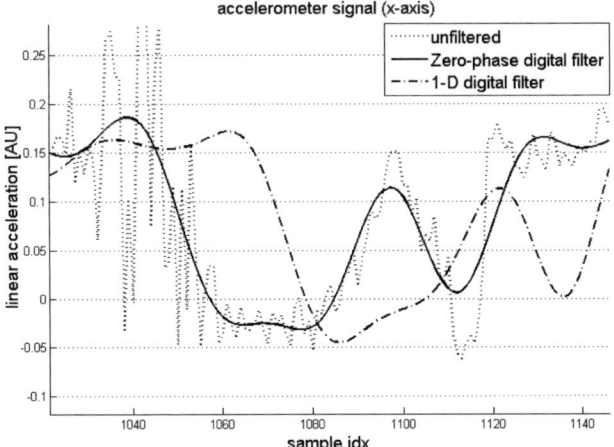

Abb. 2: Butterworth-Nullphasenfilter und 1D-Filter mit sichtbarer Phasenverschiebung

gewöhnlicher 1D-Filter nach Formel (1) definiert (vgl. [4]), der jedoch vorwärts und rückwärts angewendet wird [5].

$$y(n) = b(1) * x(n) + b(2) * x(n-1) + \ldots + b(nb+1) * x(n-nb)$$
$$-a(2) * y(n-1) - \ldots - a(na+1) * y(n-na) \qquad (1)$$

Dabei sind na die Feedback- und nb die Feedforward-Filterorndnung.

Die Eingabe-/Ausgabe-Funktion dieses Filterprozesses ist nach [4] eine rationale Transferfunktion:

$$Y(z) = \frac{b(1) + b(2)z^{-1} + \ldots + b(nb+1)z^{-nb}}{1 + a(2)z^{-1} + \ldots + a(na+1)z^{-na}} X(z) \qquad (2)$$

Bei der Filterordnung $n = 8$ gibt es jeweils neun Koeffizienten a und b, die sich bei gleichbleibender Mess- und Grenzfrequenz nicht ändern. Da es ineffizient wäre, sie bei jedem Filtervorgang neu zu berechnen, liest die App die passenden Koeffizienten aus einer CSV-Datei aus, in der die in MATLAB generierten Werte[5] gespeichert sind.

Bei dem verwendeten Butterworth-Filter der Ordnung 8 werden für jeden Messwert 18 Rechenoperationen ausgeführt (vgl. Code-Ausschnitt 1). Bei der

---

[5] mithilfe der Funktion `[b,a]=butter(n,Wn)` [3]

6

Abtastrate von $f = 10$Hz und jeweils drei Accelerometer- und Gyroskop-Achsen
werden somit bei einem 1D-Filter $1080t$ Fließkommaoperationen benötigt.
In Abbildung 2 ist erkennbar, dass das Signal beim 1D-Filter ähnlich gut wie
beim Nullphasen-Filter geglättet wird. Die Abweichung des Filterergebnisses ist
dabei vernachlässigbar. Die auftretende Phasenverschiebung[6] von ca. $1s$ muss
jedoch bei der Angabe des Zeitpunktes eines gefundenen Merkmals berücksichtigt
werden.
Da das für den Nullphasenfilter nötige rückwärtige Filtern des Signals beim
1D-Filter jedoch entfällt, wird auch nur die Hälfte der Fließkommaberechnungen
und damit auch der Rechenzeit benötigt. Somit eignet sich letzterer für diese
Anwendung besser. Die letztendlich implementierte Methode des 1D-Butterworth-
Filters ist im Code-Ausschnitt 1 angegeben.

```
private double[][] butterworth(double[][] x) {
    // a und b sind als Klassenvariablen gespeichert
    int anzahlWerte = x.length;
    int fs = a.length; // gleich b.length
    double[][] y = new double[anzahlWerte][6];

    for (int c = 0; c < 6; c++){ // alle sechs Achsen filtern
        for (int n = 0; n < anzahlWerte; n++){
            for (int k = 0; k < fs; k++){
                try {
                    y[n][c] += b[k] * x[n-k][c];
                } catch (ArrayIndexOutOfBoundsException e){}
            }
            for (int k = 1; k < fs; k++){
                try {
                    y[n][c] -= a[k] * y[n-k][c];
                } catch (ArrayIndexOutOfBoundsException e){}
            }
        }
    }
    return y;
}
```

Code-Ausschnitt 1: Butterworth-Filter

---

[6] vgl. Problem 5.39 in [6, S. 284–285]

2.7 Starten des Motors erkennen

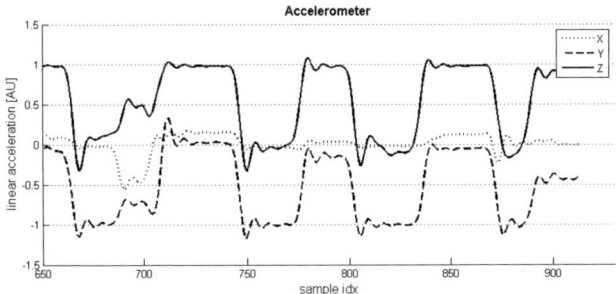

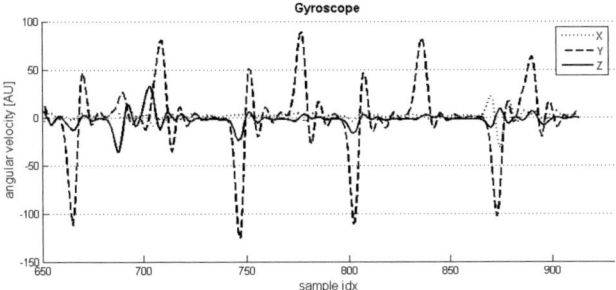

Abb. 3: Probemessung: vier Zündbewegungen (gefiltert)

In Abbildung 3 ist eine Probemessung mit vier Zündbewegungen zu sehen. Die Charakteristika sind:

- Accelerometer-Werte auf
  - x-Achse relativ konstant um 0
  - y-Achse ändern sich von ca. 0 auf ca. -1
  - z-Achse ändern sich von ca. 1 auf ca. 0
- Gyroskop-Werte auf y-Achse:
  - zum Beginn der Bewegung negativ (Rechtsdrehung des Handgelenks)
  - zum Ende der Bewegung positiv (Linksdrehung des Handgelenks)

Das Definieren einer idealen Bewegung, nach der die App suchen soll, gestaltet sich deshalb schwierig, weil die Bewegung nicht immer gleich aussieht. Die Abweichungen davon wären dabei so groß, dass auch andere Bewegungen ins Raster fallen würden. Die mittleren beiden Zündbewegungen in Abbildung 3 wären nahezu ideal. Im Realfall kann sich jedoch der Zündschlüssel etwas verhaken oder der Motor schneller oder langsamer anspringen, wie es an den äußeren beiden Bewegungen zu sehen ist.

Anstatt also die Kurve abzulaufen und mit einem Ideal zu vergleichen, werden die o.g. Charakteristika direkt gesucht. Der Algorithmus arbeitet demnach wie folgt:

1. Suchen nach einer Drehbewegung nach rechts, also einem Wert auf der Gyroskop-y-Achse unter $-85°/s$.
2. Innerhalb der nächsten $10f$ Werte eine Drehbewegung nach links suchen, d.h. auf der gleichen Achse über $60°/s$.
3. Mittelwert der Werte dazwischen für jede Achse des Accelerometers bilden.
4. Überprüfen, ob Mittelwerte im Bereich derer einer Zündbewegung liegen, siehe Tabelle 2.

	x	y	z
obere Schwelle	0,15	-0,84	0,30
untere Schwelle	-0,22	-1,06	-0,21

Tabelle 2: Thresholds für die Mittelwerte

2.8 Abstellen des Motors erkennen

Da die Handbewegung beim Anlassen des Motors eine klare Drehbewegung des rechten Handgelenks nach rechts ist, liegt die Vermutung nahe, dass das Abstellen des Motors eine Drehbewegung nach links ist. Es ist auch durchaus möglich, den Motor auf diese Weise abzustellen; jedoch ist diese Bewegung aufgrund des fehlenden Widerstandes des Schlüssels sehr unnatürlich und bei den Testmessungen mit den fünf Probanden hat sie keiner von sich aus so ausgeführt. Die Drehung des Schlüssels erfolgte ausschließlich mit dem Daumen und kann deshalb mit dem Sensor nicht erkannt werden.

3 Ergebnisse

Zum Testen der App wurden sechs Messungen mit fünf Probanden durchgeführt. Die Messung I und III wurden dabei mit dem gleichen Probanden aufgenommen. Die von der App erstellten Statistiken sind in Tabelle 3 zusammengefasst.

Messung	I	II	III	IV	V	VI
Dateinamen	2013-6-2_	2013-6-3_	2013-6-4_	2013-6-4_	2013-6-4_	2013-6-4_
beginnen mit	18-50-37*	22-30-25*	10-51-54*	11-39-42*	12-7-22*	12-47-32*
$\mathbf{v_{avg}}$ (km/h)	24,33	26,59	62,64	18,59	12,71	31,44
$\mathbf{v_{max}}$ (km/h)	63,35	56,08	164,31	45,91	42,49	85,81
zur Uhrzeit	18:54:38	22:46:34	11:00:05	11:43:22	12:12:06	12:52:10
$\mathbf{a_{max}}$ (m/s^2)	2,64	2,34	2,96	2,16	2,08	2,62
zur Uhrzeit	18:54:12	22:43:00	10:59:20	11:44:30	12:14:35	12:51:44
Anlassen	18:51:30	22:41:04	10:52:55	11:40:01	12:09:00	12:48:31
des Motors			11:07:38	11:40:10	12:10:20	
erkannt um				11:40:19	12:12:18	
				11:40:39		
				11:40:55		

Tabelle 3: Von der App erstellte Statistiken zu den Messungen

Die Durchschnitts- und Höchstgeschwindigkeit ($\mathbf{v_{avg}}$ und $\mathbf{v_{max}}$), sowie die Maximalbeschleunigung $\mathbf{a_{max}}$ entsprechen dabei im Rahmen der Messungenauigkeit dem realen Wert. Das Anlassen des Motors wurde zu 58% richtig erkannt, die einzelnen Beurteilungen sind in Tabelle 4 dargestellt.

Messung	I	II	III	IV	V	VI
Häufigkeit Motorstart richtig erkannt	1	1	1	0	0	1
Häufigkeit Motorstart falsch erkannt	0	0	1	5	3	0
Fehlerquote	0%	0%	50%	100%	100%	0%

Tabelle 4: Häufigkeit der erkannten Anlass-Bewegungen

4 Diskussion

4.1 Daten aus dem GPS

Die Messung der Beschleunigung des Fahrzeugs ist mit einem am Handgelenk angebrachten Sensor nicht möglich. Dafür wird dieser zu stark bewegt. Um sie dennoch messen zu können, müsste ein zweiter Sensor am Oberkörper des Probanden oder direkt am Fahrzeug angebracht werden, was in dieser Studie explizit nicht gemacht werden sollte. Diese Einschränkung mit Hinblick auf eine künftige Anwendung in einer Smartwatch muss deshalb mit den GPS-Daten kompensiert werden, die jedoch keine genauen Momentanwerte liefern. Die Kurvendetektion ist mit dieser Notlösung leider nicht möglich, könnte aber über den Kompass im Android-Gerät oder die vom GPS gelieferte Orientierung realisiert werden.

4.2 Fehlerkennungen in Rechtskurven

Die falsch als Anlassen des Motors erkannten Bewegungen in Messung III und V fanden immer in Rechtskurven statt. Die Probanden haben dabei die rechte Hand unten am Lenkrad gelassen und dadurch das Handgelenk nach rechts gedreht. Beim Umgreifen nach oben entstand kurz darauf eine Linksdrehung, sodass die Bewegung der gesuchten sehr ähnelt. Die Schwellenwerte können jedoch nicht enger gesetzt werden, da sonst richtigen Anlass-Bewegungen nicht mehr erkannt würden. Der Fehler kann behoben werden, indem sobald die erste Bewegung gefunden wurde die Suche abgebrochen wird. Sollte dann aber vor dem eigentlichen Beginn schon eine ähnliche Bewegung ausgeführt worden sein oder der Motor während der Fahrt ein zweites mal gestartet werden, dann würden eigentlich richtige Funde ignoriert.

Deshalb ist es am sinnvollsten, die gefundenen Bewegungen anderweitig zu verifizieren. Eine Möglichkeit dafür ist, dass die vom GPS ausgelesene Geschwindigkeit sehr klein sein muss, wobei die Genauigkeit der Positionsdaten immer zu berücksichtigen ist. Rechtskurven, vor denen das Fahrzeug angehalten werden muss, könnten deshalb trotzdem zu einer Fehleinschätzung führen.

4.3 Fehlerkennungen vor Beginn der Fahrt

Alle fünf Fehlbeurteilungen in Messung IV entstanden schon auf dem Weg zum Fahrzeug. Der Blick auf die Status-LED am Shimmer-Sensor hatte schon genügt, um eine Fehlerkennung zu verursachen. Beim einsteigen in das Fehrzeug entstanden weitere. Dieses Problem lässt sich sehr einfach dadurch beheben, dass die Aufzeichnung erst gestartet wird, wenn der Proband im Fahrzeug sitzt.

4.4 Nicht erkannte Zündbewegungen

Die Probanden bei Messung IV und V haben den Zündschlüssel hauptsächlich mit dem Daumen gedreht, wodurch die vom Algorithmus gesuchte Bewegung nicht ausgeführt wurde. Leider bleibt dadurch keine Charakteristische Bewegung übrig, die mit einem Sensor aufgenommen werden könnte. Der Fahrer muss deshalb den Zündschlüssel aus dem Handgelenk drehen, ansonsten kann die Bewegung nicht zuverlässig erkannt werden.

5 Zusammenfassung und Ausblick

Die GPS-Daten eignen sich gut für Geschwindigkeit und Beschleunigung des Fahrzeugs. Dennoch sagen sie wenig darüber aus, was im Fahrzeug geschieht. Mit dem Sensor am rechten Handgelenk kann das Anlassen des Motors zuverlässig erkannt werden, sofern sich der Proband an gewisse Regeln hält und die Funde noch wie erwähnt verifiziert werden. Zwei nächste Aufgaben wären die Erkennung der Schaltbewegungen und des Betätigens der Handbremse. Beide Bewegungen sind in den Daten des verwendeten Sensors bereits enthalten. Mit einem weiteren, am Oberkörper des Fahrers angebrachten Sensor könnten auch die Momentanbeschleunigung und Kurven erkannt werden. Dennoch muss stets abgewägt werden, inwiefern sich der Einsatz von am Fahrer angebrachten Sensoren lohnt, oder ob im Fahrzeug verbaute Systeme genauere Ergebnisse liefern.

Literaturverzeichnis

1. Rangayyan, Rangaraj M.: Biomedical Signal Analysis - A Case-Study Approach. John Wiley & Sons (2002)
2. Homepage des Instituts für Unfallanalysen Hamburg (Themenblock Fahrmanöver/-Beschleunigung): http://unfallforensik.maindev.de. Zuletzt abgerufen am 26.08.2013 (2013)
3. MATLAB Documentation Center - Butterworth filter design: http://www.mathworks.de/de/help/signal/ref/butter.html. Zuletzt abgerufen am 26.08.2013 (2013)
4. MATLAB Documentation Center - 1-D digital filter: http://www.mathworks.de/de/help/matlab/ref/filter.html. Zuletzt abgerufen am 27.08.2013 (2013)
5. MATLAB Documentation Center - Zero-phase digital filtering: http://www.mathworks.de/de/help/signal/ref/filtfilt.html. Zuletzt abgerufen am 27.08.2013 (2013)
6. Oppenheim, A.V., and R.W. Schafer: Discrete-Time Signal Processing. Prentice-Hall (1989)